Communiqué la couverture

Liège
8° S
9358

Pièce
8° S
9358

AF503169

Le Jardinage

CONFÉRENCE

Faite à LA-VALLÉE-AUX-BLEDS, le 5 Janvier 1898

PAR

P.-A. SANDRA

Officier d'Académie

Édité par la Maison

Arnaud SANDRA

Grains, Graines fourragères

et Engrais.

LA-VALLÉE-AUX-BLEDS

par Lemé (Aisne)

CONFÉRENCE

SUR LE JARDINAGE

CONSIDÉRATIONS GÉNÉRALES

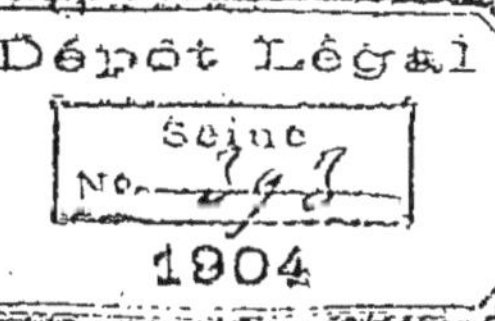

Il y a, pour le moins, trois manières de faire les choses :

1º Au hasard ; tantôt bien, tantôt mal ;

2º Sans procédés, par routine :

3º Enfin, avec intelligence, en raisonnant bien ce que l'on fait, en sachant bien pourquoi on le fait ainsi et non autrement.

Je crois que ce sont les deux premières manières qui sont le plus ordinairement employées pour le jardinage.

Jardiner!... Mais rien n'est plus simple! On n'est pas plus embarrassé pour cela que le loustic pour faire un canon !

On prend une pelle, un râteau, de la graine, on néglige quelquefois le cordeau, et l'on plante, on sème, et, ce qui est plus fort, on réussit même de temps en temps. Mais, par exemple, quand on ne réussit pas, ah ! mais, c'est la faute des intempéries, du vent, du froid, de la pluie, de la sécheresse ou des insectes, jamais de celle du jardinier ou de la jardinière.

Certes, nous ne sommes pas maîtres des intempéries et nous serons toujours exposés à leurs vilains tours ; mais il ne faudrait pourtant pas mettre sur leur compte tous nos insuccès ; il y en a qui sont certainement dus à notre négligence, à notre inexpérience, à un défaut de connaissances spéciales.

C'est que, de même que l'habit ne fait pas le moine, les outils seuls, réduits ou non à leur plus simple expression, ne font pas non plus le bon jardinier, et que le jardinage, en d'autres termes l'horticulture, est une véritable science que l'on ne peut pratiquer convenablement si l'on n'en connaît du moins les lois principales.

Et pour les connaître, ces lois, il faut nécessairement les étudier. C'est ce que nous allons faire le plus brièvement possible.

La culture des légumes a une très grande importance dans nos campagnes aux différents points de vue de l'hygiène, de la santé, et de l'économie.

Elle nous permet de varier notre alimentation, d'avoir toujours sous la main une nourriture fraîche, saine, agréable et peu coûteuse.

Ce sont là des avantages que chacun de vous apprécie à leur juste valeur, puisque tous, vous faites plus ou moins du jardinage pour les besoins de votre cuisine particulière.

Eh bien, si nous savons encore tirer un meilleur parti de nos dépenses de temps, d'argent, d'efforts, de fatigues, de soins de toutes sortes, sans accroître le moins du monde la dépense argent surtout, ne sera-ce point là un beau résultat ? Et un résultat qui nous donnera bien de la satisfaction, car on est content et fier de ce que l'on fait quand on le fait bien et quand cela augmente, sans frais aucuns, les sources du bien-être raisonnable.

EMPLACEMENT. — CLOTURE DU JARDIN

Tout d'abord, parlons de l'emplacement et de la clôture du jardin potager.

Il doit, autant que possible être exposé au midi ou au couchant, sur un terrain en pente légère si le sol est argileux ; être protégé contre les vents du nord et de l'ouest par un mur, une haie ou par des arbres placés à une certaine distance pour qu'ils ne donnent pas d'ombre.

Les clôtures sont indispensables au potager, cela est évident ; elles le préservent des dégâts qu'y feraient les maraudeurs, les chiens, les poules, etc. ; mais les haies ont l'inconvénient d'amener et d'abriter une foule d'insectes nuisibles et elles s'infestent en outre très vite, d'orties surtout; les murs sont peu pratiques pour les petites bourses; il reste le treillage en fil de fer, peu coûteux, qui procure une clôture suffisamment solide, agréable, contre laquelle on peut planter de petits arbustes, groseilliers, framboisiers, qui, au besoin, masqueront le jardin et serviront d'abris.

ORDRE DANS LE JARDIN

Il faut de l'ordre dans le jardin.

Si l'on veut obtenir des résultats certains, le premier soin est de diviser les cultures.

Gressent se moque avec une verve terrible du jardin fouillis où les arbres, les fleurs, les légumes s'entassent, s'étouffent à l'envi et constituent un ensemble plutôt désagréable tout en ne donnant qu'un produit médiocre, sinon à peu près nul, malgré une dépense élevée.

Il paraît, et nous devons en croire le maître expérimenté dont je viens de citer le nom, il paraît que les cultures des arbres, des fleurs et des légumes sont incompatibles.

« L'ombre des arbres et leurs racines sont un obstacle insurmontable à la production des légumes.

« Les engrais et les arrosements copieux exigés par les légumes empêchent la fructification des arbres et les ruinent en quelques années.

« Les fleurs, de leur côté, ne peuvent prospérer ni avec les arbres, ni en compagnie des légumes » (1).

Alors il faut une place spéciale pour chaque genre de culture; une place pour les arbres fruitiers qui seront tous nains et où il n'y aura rien de planté entre eux; une place complètement rasée qui ne contiendra que des légumes; enfin, une place pour les fleurs, les pelouses, les massifs, sans arbres fruitiers ni légumes.

(1) Gressent.

Ce n'est pas ainsi que sont divisés la plupart de nos jardins. Presque partout, on trouve une sorte de système mixte, c'est-à-dire le jardin à plates-bandes qui reçoivent les fleurs, les arbustes et les arbres fruitiers qui ne sont pas toujours nains; mais ce jardin, malgré sa régularité d'aspect, présente, bien qu'un peu atténués, tous les inconvénients signalés par Gressent.

Il faut donc lui préférer le jardin divisé par cultures spéciales dont le coup d'œil n'est pas sans attrait et où les produits seront bien supérieurs.

TERRE

La meilleure terre pour le jardin potager est encore la terre argileuse, parce qu'elle retient mieux les engrais. Convenablement amendée avec de la marne, de la chaux, du superphosphate ou des scories de déphosphoration, drainée s'il le faut et fumée convenablement, elle se travaille facilement et donne d'excellents produits.

Je n'aime pas les terres noires des vieux jardins potagers; elles sont acides, froides, usées; leur consistance s'est modifiée par la production prolongée des mêmes plantes.

ENGRAIS

La fumure est la clef du jardinage; le potager est un gros mangeur d'engrais, dit-on. Oui; mais vous saurez tout à l'heure qu'encore faut-il savoir employer son fumier.

Disons d'abord, pour ceux d'entre nous qui l'ignorent, que le fumier est meilleur et agit avec d'autant plus d'énergie qu'il provient d'animaux bien nourris. Le fumier d'une vache qui a mangé de bons fourrages et celui d'une vache qui a mangé des résidus de féculerie sont bien différents; ce dernier est bien inférieur, vaut beaucoup moins et, par conséquent, il en faudra davantage pour fumer la même surface.

Pour les terrains argileux, le fumier de cheval ou de mouton est préférable, parce qu'il est plus sec, plus chaud et remédie au défaut capital de ces terrains, qui sont humides et froids.

Tandis que le fumier de vache, contenant plus de liquide, conviendra mieux aux terres légères et calcaires dont il combattra la sécheresse.

Le fumier de ferme, dit Joigneaux, malgré ses qualités bien connues, a pourtant un rival : c'est le compost.

Un compost se forme dans un trou où l'on jette pêle-mêle toutes sortes de matières fertilisantes : matières fécales en petite quantité, urine, balayures, déchets de cuisine, mauvaises herbes, feuilles mortes, fiente de volailles, de pigeons, fumier de lapins, plumes, cendres, suie, os brûlés, chiffons de laine, eaux de savon, de lessive, d'évier, rinçures de futailles, etc.

Au bout de quelques mois, on a un fumier bien pourri et d'une énergie dépassant celle de tous les autres fumiers et c'est le meilleur pour le potager.

Les substances fertilisantes n'agissent pas toutes avec une égale force sur tous les légumes ; telle donnera ici un bon résultat qui n'en donnera qu'un médiocre ailleurs ; car les plantes, vous le savez, ont des goûts différents dont il faut tenir compte et qu'il faut satisfaire, et même elles en ont qu'elles tiennent de leur origine et qu'il ne faut pas ignorer non plus.

Ainsi, le sel de cuisine est très avantageux aux asperges et aux choux qui sont originaires des bords de la mer ; on peut donc ajouter quelques pincées de sel au fumier destiné à ces plantes.

La colombine, le guano conviennent aux melons, citrouilles, potirons.

Les cendres de bois, la suie, les os calcinés, sont d'un effet remarquable sur les oignons et les poireaux.

Le poussier de charbon de bois répandu sur le sol après la plantation des haricots, pois, fèves, hâte la levée, surtout dans les terrains humides.

Les cendres de bois et les arrosages avec l'urine de vache

affaiblie ont des effets très marqués sur les épinards, les carottes et les navets.

Quant aux engrais chimiques, on sait qu'ils ne sont employés ordinairement qu'avec le fumier de ferme et pour le compléter, ce fumier procure l'humus indispensable à leur décomposition et à leur assimilation.

Ainsi, on pourra employer en couverture le nitrate de soude dans le cours du printemps, à la dose de 200 à 300 kilos à l'hectare, en deux ou trois fois, sur les légumes foliacés : **salades, choux, chicorées, scaroles** ; sur les plantes bulbeuses : **oignons, poireaux,** et sur les plantes d'ornement herbacées ; le superphosphate, ou mieux les scories de déphosphoration, parce qu'elles contiennent 50 0/0 de chaux, au moment des labours, à la dose de 200 à 500 kilos par hectare, pour les **navets, raves, choux-navets, légumes-racines,** les **arbustes à fleurs** ; la potasse, sous forme de chlorure de potassium ou de cendre de bois, sur les **pois, fèves, haricots, légumes-graines, la vigne, les arbres fruitiers,** à la dose de 200 à 300 kilos à l'hectare.

Ces dosages sont évidemment très variables et ne peuvent servir que d'indication générale. Il faut savoir, avant tout, à quel terrain on a affaire ; s'il est pauvre ou riche en azote ou en potasse et augmenter ou diminuer, selon le cas, la dose de ces engrais.

BÊCHAGE

La terre possède une certaine richesse en éléments minéraux, mais elle prend sans cesse dans l'atmosphère des éléments de fertilité qu'elle a la puissance de fixer, de retenir, et qui augmentent sa richesse naturelle. C'est pour cela que les labours d'été, les **poursuites,** améliorent le sol. Il est donc utile que le bêchage divise bien la terre pour que toutes les parties du sol arable soient bien et suffisamment aérées, pour que l'air soit en contact avec le plus de surface possible et apporte en quantité suffisante l'oxygène indispensable aux racines. Voilà une première raison du bêchage.

La seconde raison, c'est qu'il faut que les racines se meuvent et se développent à l'aise, ce qui n'a pas lieu dans une terre mal bêchée, où l'on trouve des mottes grosses et dures, non écrasées, qui gênent les racines, des cavités qui laissent passer le hâle et nuisent à la végétation qui ne peut s'accomplir sans humidité, puisque c'est sous forme de liquide que les plantes puisent leur nourriture.

Une troisième raison, c'est que les terres bien divisées absorbent les eaux de pluie en plus grande quantité et constituent un réservoir souterrain mieux approvisionné.

Enfin, le labourage ou le bêchage mélange parfaitement les substances fertilisantes que contient le sol et favorise et rend plus complète l'alimentation des plantes.

Ces diverses raisons démontrent suffisamment, n'est-ce-pas, l'utilité du bêchage et expliquent pourquoi les terres bien travaillées sont toujours plus productives que les terres négligées.

En hiver, ou un peu avant l'hiver, on n'ameublit pas la terre aussi fort : les gelées se chargeront de cela.

Un dernier mot sur ce chapitre.

Vous savez que les praticiens disent qu'un sarclage en temps sec équivaut à un arrosage. C'est très vrai, et en voici la raison : les plantes, bonnes ou mauvaises, prennent à l'air de la nourriture et de l'eau ; du moment que nous empêchons les mauvaises plantes de se développer, nous réalisons au profit des bonnes une économie de boisson et de nourriture, et, de plus, le sarclage, en affinant la terre, l'empêche de se dessécher et lui fait conserver sa réserve d'humidité.

Donc, plus on sarclera, plus on binera par du temps sec, mieux cela vaudra sous tous les rapports.

ASSOLEMENT

J'arrive, je dirais volontiers au point le plus important de cet entretien : à l'assolement du jardin potager.

Si le fumier est la clef de ce jardin, il faut au moins savoir faire tourner cette clef et ne pas brouiller la serrure.

BIBLIOTHÈQUE NATIONALE R.F.

L'assolement est aussi indispensable en jardinage qu'en agriculture et les mêmes légumes ne doivent revenir à la même place qu'après quelques années.

Si vous enfreignez cette règle, vos pois, par exemple, d'excellents qu'ils étaient d'abord, perdront bien vite leurs qualités, leur sucre, leur goût et deviendront insipides ou amers. Si vous remplacez la graine, le même mal se reproduira au bout de quelque temps.

J'en dirai autant des oignons et des poireaux dont la dégénérescence s'accusera rapidement et qui ne donneront bientôt plus que des **queues**.

L'assolement a pour principe général que toutes les plantes n'aiment pas la même substance nutritive autant les unes que les autres ; celles-ci sont plus gourmandes d'azote ; celles-là, de potasse ou d'acide phosphorique ; et, pour principe particulier, en ce qui concerne les légumes, que les racines se plaisent et fonctionnent mieux soit dans une terre nouvellement fumée, soit dans du terreau, soit dans un terrain dépourvu de fumier.

L'assolement appliqué au jardin potager en fera la richesse parce qu'il réalise :

1º L'alternance ;

2º Une économie d'engrais et de main-d'œuvre ;

3º Une abondante production de primeurs et de récolte supplémentaire sans augmentation de dépense ;

4º Une production beaucoup plus précoce par l'usage des couches et des plants à repiquer que l'on peut faire sous châssis ;

5º La fertilisation régulière du jardin.

Il faudra donc diviser la partie réservée aux légumes en quatre planches ou carrés, et tenant compte des exigences et des goûts des diverses plantes, nous mettrons dans la première planche et sur une fumure très forte de 0ᵐ20 à 0ᵐ30 d'épaisseur, les légumes cultivés pour leurs feuilles et aimant un fumier nouveau et copieux : **artichauts, choux-fleurs, laitues, épinards, poireaux, radis, choux, pommes de terre, céleri, chicorée.**

Dans la seconde planche, qui aura été fumée comme il est

dit ci-dessus l'année précédente, nous mettrons sur terreautage et avec un peu de paillis pendant la végétation, les légumes cultivés pour leurs racines et redoutant un fumier frais : **ail, carottes, betteraves, oignons, échalotes, salsifis, mâches, navets, persil, pommes de terre, laitue, chicorée, poireaux.**

Dans la troisième planche, sur un fort cendrage, additionné au besoin d'une bonne dose de scories ou de superphosphate, nous mettrons les légumes cultivés pour leurs grains, auxquels l'engrais azoté est contraire parce qu'il les ferait pousser en feuilles : **pois, fèves, haricots, lentilles, estragon, oseille, thym, chicorée sauvage, mâches, persil.**

La quatrième planche recevra les couches, les semis en pépinière si avantageux, les poquets pour les citrouilles et les potirons, les cornichons, les porte-graines, les semis de fleurs.

Cet assolement, conseillé par Gressent, de regrettée mémoire, est on ne peut mieux raisonné.

Les légumes ne reviendront à la même place que tous les cinq ans, leur variété ne s'altérera pas et se conservera pure, la récolte sera plus fructueuse avec la même peine ; il n'y aura pas plus de dépense d'engrais, mais cette dépense sera sagement appropriée aux diverses catégories de légumes pour leur plus grand profit et non inutilement ou pour leur gêne.

Et maintenant, faisons tourner notre clef du bon côté pour ne pas faire notre rotation à rebours.

Supposons que notre jardin a été divisé en quatre parties, comme il est dit ci-dessus.

Eh bien, en 1904, les légumes de la première partie passeront dans la quatrième, ceux de la deuxième dans la première, ceux de la troisième dans la deuxième et ceux de la quatrième dans la troisième, et ainsi de suite.

Nous allons nous heurter ici à une habitude invétérée avec laquelle il faut cependant rompre : celle qui consiste à laisser longtemps ou toujours les couches au même endroit.

Les couches laissent dans le sol une certaine quantité d'éléments fertilisants qui sont immobilisés ou perdus si on ne les change pas de place ; leur déplacement est donc avantageux et, comme il ne faut rien négliger, elles devront alors emboîter le pas dans le mouvement de la rotation. Vous remarquerez que quelques variétés de légumes s'accommodent assez bien de deux ou trois sortes de terrain ; vous profiterez de cette particularité pour compléter les différentes planches en cas de besoin.

Pour terminer ce chapitre, j'ajouterai que si l'on ne voulait absolument pas admettre l'assolement de quatre ans, il faudrait admettre celui de trois ans, en supprimant les couches, ce qui vaudrait encore infiniment mieux que la culture sans ordre, sans rime ni raison.

SEMENCES. — SEMIS

Pour qu'une graine soit bonne, il faut qu'elle ait bien vécu et que sa maturité sur pied soit complète ; il faut encore que la silique, la gousse ou l'ombelle qui l'ont donnée se soient fait remarquer par leur développement précoce sur pied.

Une graine unique, très grosse dans une seule cosse, par exemple, ne vaut rien.

Il serait donc avantageux de faire sa semence soi-même, car, à moins d'avoir affaire à des marchands consciencieux, on ne sait pas toujours d'où provient la graine que l'on emploie ni comment elle a été récoltée.

En outre, si la plante est bisannuelle, il ne faut pas prendre de graine sur les pieds qui fleurissent dès la première année comme cela arrive quelquefois pour les betteraves, carottes, salsifis, choux, car cette graine ne vaut absolument rien.

S'il s'agit de l'une des plantes ci-dessus. il faudra, au contraire, choisir après les avoir arrachés, les plus beaux porte-graines, ceux dont la racine est irréprochable et les replanter soigneusement au commencement du printemps.

Vous connaissez le dicton : « Si tu sèmes tes carottes par du grand vent, tu auras des carottes fourchues. »

Ce dicton, tout ridicule qu'il paraisse, est fondé.

Le **fourchement** est dû à deux causes :

Premièrement, une graine de carotte donnera un produit fourchu si elle a été récoltée sur un pied fourchu lui-même ;

Secondement, une graine venant d'un pied bien conformé pourra donner un produit fourchu si elle a été semée dans un terrain nouvellement fumé ou mal préparé, mal affiné, rempli de mottes plus ou moins grosses laissant entre elles des cavités plus ou moins grandes.

Or, qu'arrive-t-il si vous semez vos carottes ou vos salsifis dans une terre aussi mal préparée lorsqu'il fait du grand vent ? Sous l'action de ce vent la terre hâle, se dessèche, se réduit en boules ; les petites graines y lèvent difficilement et souffrent tout de suite faute d'humidité ; le petit filet, la petite et frêle racine ne rencontrant pas en descendant verticalement cette humidité qui lui donne sa première nourriture, se divise en deux ou trois parties qui s'en vont chacune de leur côté chercher la fraîcheur qui leur est indispensable.

Cette division du filet se produit également lorsqu'il rencontre une paille de fumier. Et c'est ainsi que s'explique l'habitude de semer vos carottes sur une terre fumée dès janvier ou février, parce que le fumier y est bien décomposé et surtout divisé, et que la terre qui a reçu plusieurs façons se trouve au moment de la semaille dans un état très favorable à une bonne levée de la graine.

Vous reconnaîtrez que le fameux dicton cité plus haut est plus sérieux qu'il n'en a l'air, et que Gressent a bien raison de conseiller les semis de carottes et de salsifis sur du terreau.

Quant aux semences de pois, fèves et haricots, nous les récolterons dans des planches ou lignes réservées où la ménagère n'aura pas au préalable choisi les plus belles cosses pour la cuisine, et nous rappellerons que si les plus longues gousses donnent la meilleure semence, les graines du milieu sont meilleures que celles des extrémités.

Pour ce qui est des graines de salades et de mâches nous récolterons les premières mûres à la main, ou en les faisant tomber sur un journal étendu à terre.

La graine est un être vivant qui a besoin d'air et de sécheresse pour être conservée. Placez-la dans un endroit sec au grenier, mais ne la renfermez pas dans des boîtes ou des flacons complètement bouchés où elle étoufferait rapidement.

Une bonne graine doit être bien sèche, pleine et lourde.

Les graines qui surnagent quand on les met dans l'eau sont vides ou à peu près et ne valent rien. Les graines nouvelles sont celles qui lèveront plus sûrement. Ce n'est que lorsque l'on ne peut faire autrement qu'on en emploie d'autres ; en tout cas leur levée est plus lente.

Les graines potagères peuvent durer de deux à cinq et sept ans. Si l'on doute de leur qualité germinative on peut les mettre dans l'eau tiède pendant 24 heures ; celles qui gonfleront sont bonnes encore, mais il faudra éviter de les semer par un temps sec ; un temps couvert ou brumeux sera plus favorable.

Vous voyez combien de connaissances et de précautions exigent les graines.

Mais ce n'est pas tout : il faut semer maintenant.

Deux modes sont en présence : le semis à la volée et celui à la ligne.

Le premier mode est très expéditif ; mais il exige plus de graine, et plus tard une main-d'œuvre plus difficile, plus longue et plus coûteuse.

Le second mode et ses avantages sont suffisamment connus aujourd'hui pour qu'il ne soit plus nécessaire de le recommander. Je dirai seulement que le semis à la ligne réussit mieux dans les terres argileuses que dans les terres légères.

Les graines doivent être enterrées selon leur grosseur ; s'il faut trois, quatre, cinq centimètres pour un pois ou un haricot, il n'en faut qu'un à deux pour une salade ou un oignon.

Et puis, si vous tracez les sillons avec le fer de la bêche sans en tasser légèrement le fond avec la potence ou avec un bâton ou une perche, votre graine, une fois recouverte s'enterre trop et se trouve dans une terre trop veule où elle n'a pas d'humidité suffisante pour germer ; elle ne lève pas ou elle lève trop tard et ne fait rien de bien.

La graine vivante germera sous trois conditions : si elle a de l'air, de l'humidité et de la chaleur (10° environ) ; si l'une de ces trois conditions manque il n'y aura pas de levée. Si c'est l'air, le germe étouffera ; si c'est l'humidité, il restera stationnaire ; si c'est la chaleur, il pourrira.

Et à propos de cette dernière condition, vous savez tous qu'il ne faut pas semer au printemps une laitue d'été ; sa graine pourrirait sans lever parce qu'elle a besoin d'une température supérieure à celle du début du printemps.

En résumé, il faut que nos graines, enterrées convenablement, reposent dans un sillon dont le fond aura été légèrement tassé afin qu'elles y trouvent une humidité suffisante remontant par capillarité, c'est-à-dire de couche en couche jusqu'à elles. Nous obtiendrons dans certains cas le même résultat en entassant la graine avec le doigt.

REPIQUAGE

Si nous avions le temps, nous pourrions entrer, sur le repiquage, dans des considérations bien curieuses.

On ne devrait jamais récolter les graines sur des pieds qui n'ont pas été repiqués.

Les repiquages ont le mérite, non seulement de conserver la race dans toute sa pureté, mais encore de contribuer à son amélioration.

Plus on transplanterait une plante, un jeune arbre avant de le mettre à demeure définitive, plus il se formerait de racines, et plus il y aurait alors de bouches ouvertes et de nourriture ingérée, et par conséquent de végétation.

Quand on repique il ne faut donc pas avoir peur de casser le bout du pivot et des racines pour que tous rejettent et procurent une végétation luxuriante qui doublera et triplera le volume des légumes en provoquant la maladie de l'embonpoint ou de la graisse. C'est par cette maladie qu'on améliore les races en les écartant le plus possible de la race primitive qui existait à l'état sauvage, et cette amélioration, cette perfection tant recherchée par le jardinier est considérée comme une monstruosité par le naturaliste.

En résumé, transplanter ou repiquer, c'est éloigner la

plante de son état primitif, c'est la soumettre et provoquer son développement outre mesure.

Ne pas repiquer, c'est au contraire autoriser la plante à retourner peu à peu à l'état sauvage, à s'émanciper au point que la graine finirait par ne plus reproduire exactement le légume cultivé.

Vérifiez ces assertions et vous ne tarderez pas à en reconnaître l'exactitude.

Voici comment Joigneaux recommande de repiquer les poireaux.

Faire d'avance tous les trous ; arracher le plant, couper les feuilles et les racines comme vous savez, mettre un plant dans chaque trou, puis au moyen de l'arrosoir sans pomme, faire tomber un peu d'eau sur le bord du trou ; cette eau entraînera suffisamment de terre pour assurer la reprise ; et plus tard, par suite des façons, le trou se remplira, laissant à la plante le temps et la facilité de bien se développer. C'est le moyen d'enterrer les poireaux aussi profondément que l'on veut et de les obtenir bien blancs.

Voici un moyen que je vous propose moi-même pour le repiquage des choux :

Préférez un temps sec, faites tous les trous d'avance, emplissez-les d'eau, puis commencez à repiquer et ramenez autour du collet un peu de terre sèche ou de poussière. Le temps sec préservera votre plant des ravages des limaces ; l'eau qui aura bien imbibé la terre y aura déposé une fraîcheur et humidité suffisantes pour assurer la prompte et sûre reprise du plant.

ARROSAGES

L'eau est nécessaire à toute végétation, puisque c'est sous forme de liquide que les plantes absorbent leur nourriture ; elle dissout ou décompose les fumiers et leurs sels ; elle répare les pertes faites par l'évaporation. De là, nécessité d'arroser quand il fait sec.

La meilleure eau est celle de mare ; puis on peut et même on se sert ordinairement de l'eau de citerne ou même de puits ;

mais il convient qu'elle soit aérée et mise à la température de l'air avant d'être employée. Il faut donc la tirer d'avance, car, trop froide elle saisirait la plante et lui donnerait une sorte de fièvre qui pourrait la faire périr.

Le moment le plus favorable pour arroser est le soir, en été ; mais toujours le matin au printemps. Dans le courant de la journée, ce serait presque toujours eau et peine perdues, car le soleil aurait bientôt rendu ce soin inutile. En tout cas, principalement dans l'été, il sera bon d'arroser sur paillis, ce qui conserve mieux l'humidité et prévient le tassage de la terre.

INFLUENCE DE LA LUNE

L'influence de la lune sur la végétation n'est nullement prouvée.

Au contraire, les maîtres en horticulture la contestent après avoir fait des essais comparatifs. Il est donc bien inutile de compliquer encore les travaux de jardinage en les subordonnant aux différentes phases de la lune.

Ces Messieurs attribuent la **monte** des plantes à une cause qu'il est très facile d'éviter, et que pour mon compte j'ai évitée dès que je l'ai eu connue : la sécheresse au moment des semis ou du repiquage.

Il fait très sec ; vous voulez semer votre chicorée tout de même. Rien de plus simple.

Préparez un petit coin de terre ; arrosez fortement avant ou après le bêchage ; laissez raffermir un peu ou tassez légèrement ; puis semez votre chicorée. Il faut qu'elle lève en 36 ou 40 heures ; vous entretiendrez ensuite une humidité convenable et votre plant ne montera pas. Pour le repiquage, opérez de même que pour les choux ; arrosez copieusement chaque trou avant d'y introduire le pied à repiquer de manière à avoir au fond une bonne provision de fraîcheur que vous entretiendrez par quelques arrosages.

Et savez-vous pourquoi il faut ainsi combattre la sécheresse ? c'est parce que la plante qui en souffre sent qu'elle va périr bientôt et se hâte de faire alors sa graine avant de mourir en portant toute l'activité de sa sève sur les parties qui doivent fleurir et fructifier ; elle cherche à remplir son rôle naturel : la reproduction.

La monte en semence n'a pas d'autre cause et la lune est bien innocente de ce méfait. La pratique du jardinage est déjà bien assez difficile pour que nous la débarrassions enfin d'un préjugé aussi vieux que la lune elle-même.

Pour moi, je suis partisan de la lune et ne la maudis jamais ; je l'aime, au contraire, quand elle brille et éclaire de sa douce clarté les ténèbres de nos longues nuits d'hiver ou les belles et calmes nuits d'été.

LES AMIS DU JARDIN

Notre jardin potager a une foule d'ennemis qui lui font bien plus de mal que les lunes montantes ou descendantes : les insectes de toute sorte, d'autant plus redoutables qu'ils échappent à notre œil et à nos moyens de déstruction.

Mais il a également des amis qui sont pour nous, de précieux auxilliaires, dont nous méconnaissons quelquefois les immenses services et que nous devrions protéger, ne serait-ce que par intérêt ; je veux parler des petits oiseaux, des hérissons, des crapauds, des grenouilles, des arraignées même, qui tous se nourrissent d'insectes. Ce sont là des ouvriers incomparables qui font pour rien une besogne que nulle main humaine ne saurait accomplir.

Paix donc à ces petits amis ; respect aussi à leurs nids ; et guerre à ceux qui leur font la guerre.

Je ne voudrais pas dire de mal de la taupe à cause des services qu'elle rend dans les pâtures ; mais elle est pourtant intolérable dans le potager.

Les poules, les canards qu'on laisserait aller sur la terre nouvellement bêchée la purgeraient certainement d'une foule de larves d'insectes, mais il faudrait faire en sorte que leurs visites ne s'étendent pas à la partie du jardin où se trouvent encore des légumes sur pied.

P.-A. SANDRA.

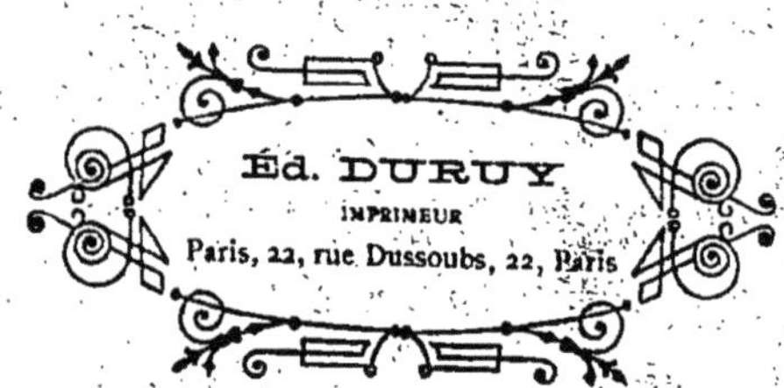
Ed. DURUY
IMPRIMEUR
Paris, 22, rue Dussoubs, 22, Paris

www.ingramcontent.com/pod-product-compliance
Ingram Content Group UK Ltd.
Pitfield, Milton Keynes, MK11 3LW, UK
UKHW020959230726
13924UKWH00009B/129